SCHLOSS HEILIGENBERG

Text
Ernst W. Graf zu Lynar

Fotos
Kurt Gramer

VERLAG SCHNELL & STEINER MÜNCHEN · ZÜRICH

Öffnungszeiten

Geöffnet von April–Oktober täglich 9.00–11.30 Uhr und 13.00–17.30 Uhr.

Literatur

Riezler, Sigmund, Geschichte des Fürstlichen Hauses Fürstenberg und seiner Ahnen. Tübingen 1883. – Tumbült, Georg, Das Fürstentum Fürstenberg, Freiburg/Brsg. 1908. – Bader, Karl Siegfried und Christian Altgraf Salm, Schloß Heiligenberg, Konstanz–Stuttgart 1963. – Bilgeri, Benedikt, Geschichte Vorarlbergs, Band I. Wien–Köln–Graz 2. Aufl. 1976. – Irtenkauf, W., Die Wiederentdeckung des Nibelungenliedes. In: Beiträge zur Landeskunde. Regelmäßige Beilage zum Staatsanzeiger für Baden-Württemberg, Nr. 4, August 1980. S. 9ff. – Decker-Hauff, Hansmartin u. a. (Hrsg.), Die Pfalzgrafen von Tübingen. Sigmaringen 1981. – E. W. Graf zu Lynar, Schloß Heiligenberg, Schnell, Kunstführer Nr. 1718, München–Zürich 1988.

Herrn Professor Dr. Karl Siegfried Bader, Zürich, bin ich für seine kritischen Hinweise und Ratschläge zu besonderem Dank verpflichtet.

Totenplakette in der Schloßkapelle – Epitaph in the castle chapel – Plaquette mortuaire dans la chapelle du château / Die Abbildung auf der rückwärtigen Umschlagseite zeigt: Empore in der Schloßkapelle. Hans Dürner (um 1550–1613) – Illustration on back cover: Gallery of the castle chapel. Hans Dürner (c. 1550–1613) – L'illustration de la page arrière de la couverture représente: La tribune de la chapelle du château Hans Dürner (vers 1550–1613)

Fotonachweis

Seite 5 Toni Schneiders, Lindau; alle anderen Aufnahmen Verlag Schnell & Steiner, München/Kurt Gramer, Bietigheim-Bissingen

Zweite, neubearbeitete Auflage 1988 ISBN 3-7954-0830-X

DIESE VERÖFFENTLICHUNG BILDET BAND 87 IN DER REIHE „GROSSE KUNSTFÜHRER" UNSERES VERLAGES. BEGRÜNDET VON DR. HUGO SCHNELL † UND DR. JOHANNES STEINER.
VERLEGERISCHE BETREUUNG JOSEF FINK.

GESAMTHERSTELLUNG: ERHARDI DRUCK GMBH, REGENSBURG

Schnitzerei an der Kassettendecke im Rittersaal – Carving from the coffered ceiling in the Hall of the Knights – Sculptures sur bois au plafond à caissons de la Salle des chevaliers

Heiligenberg

Schloß Heiligenberg liegt auf einer weit vorspringenden, schmalen Felskuppe, die steil abfällt zu einer weit bis zu den Schweizer Voralpen sich erstreckenden Talebene. In ihrer Mitte breitet sich der Bodensee aus, das „Schwäbische Meer", in dessen Umkreis schon zu karolingischer Zeit monastische Gemeinschaften geistliche und kulturelle Zentren von überragender Bedeutung wurden. Der Name Heiligenberg ist sehr alt. Er reicht zurück bis in keltische Zeiten. Überliefert ist er in frühkarolingischen Quellen: „Mons sanctus", der „Heilige Berg". Der Name galt freilich nicht nur dem Felsengrat, auf dem das heutige Schloß steht, sondern dem ganzen Plateau über dem langgestreckten Steilhang. Weiter im Südwesten stand die früheste Burg auf dem Mons sanctus: Altheiligenberg. Doch von ihr haben sich außer dem Namen nur Baureste und Legenden erhalten, die mit der sagenhaften Thebäischen Legion und mit den römischen Märtyrern Felix und Regula, den Heiligen der Züricher Großmünsterpropstei, zusammenhängen. Die buchstäblich überragende Lage und Position des „Heiligen Berges" zeigt sich besonders deutlich, wenn man sich ihm von Überlingen oder von Salem her nähert. Altheiligenberg beherrschte, nicht anders als das heutige Schloß, die weite Landschaft unter ihm.

Altheiligenberg war Sitz und Mittelpunkt der seit dem 8. Jahrhundert fränkischen Linzgaugrafschaft.

Schloß Heiligenberg. Gemälde von Martin Menrad (1688) – Heiligenberg Castle. Painting by Martin Menrad (1688) – Le château de Heiligenberg. Peinture de Martin Menrad (1688)

Der Name Linzgau tritt 771 zum ersten Mal auf und verliert sich dann um die Wende zum 14. Jahrhundert. Wenigstens bis zum Ende der Karolinger lag die Gaugrafschaft in der Hand der Udalrichinger, der „Ulriche", wie sie nach dem immer wiederkehrenden Namen Ulrich genannt werden, der die Familie kenntlich macht. Ein „Familienname", also ein Nachname im heutigen Sinne, wird erst um die Mitte des 13. Jahrhunderts gebräuchlich.

Die Udalrichinger waren eine ursprünglich fränkische Familie, die aber, bald eng mit alamannischen Sippen verschwägert, schließlich selbst als alamannisch galt. Sie gehörte – neben den Welfen – zu den fünf bedeutendsten Familien im Bereich der alamannischen Besiedlung unter den Karolingern und Ottonen. Im 9. Jahrhundert verlieren sich in der urkundenarmen Zeit des frühen Mittelalters ihre Spuren und die der Linzgaugrafschaft.

Erst über ein Jahrhundert später, im Jahr 1058, tritt wieder ein Linzgaugraf in Erscheinung, Otto, ein Graf von Buchhorn (heute Friedrichshafen); vier Jahrzehnte danach begegnen die Grafen Otto und Hartmann von Kirchberg (südwestlich Ulm). 1135 wird ein Graf Heinrich nach Heiligenberg benannt. Aus der karolingischen Gaugrafschaft Linzgau bildete sich in jener Zeit, bereichert durch die Vogtei über Besitz des Hochstifts Konstanz und des Klosters Petershausen am gegenüberliegenden Rheinufer, die neurechtliche Landgrafschaft Heiligenberg, die rechtsgeschichtlich von jener deutlich zu unterscheiden ist. Sie hatte wohl vor allem die Aufgabe, Rodungstätigkeit und Besiedlung in dieser Gegend einzuleiten und zu schützen. Zahlreiche Ortsnamen auf „-reute" und urkundliche Belege zeugen von umfangreichen Rodungen, die bis ins späte Mittelalter andauern.

Diese neue Landgrafschaft erstreckte sich im wesentlichen – Grenzen sind aus den Urkunden nur ungenau zu bestimmen – von der Schussen über den Bodensee bis zur Rheinbrücke bei Konstanz, weiter über den Bodenrück zum heutigen Ludwigshafen, über Aach/Linz und Pfullendorf nach Ostrach und wieder an die Schussen. Inhaber dieser Landgrafschaft war ein Geschlecht von Edelfreien, von denen sich besagter Graf Heinrich um 1135 nach Heiligenberg, „de Monte Sancto", nennen ließ. Sein Sitz muß die Burg Altheiligenberg gewesen sein. Rechte und Besitztitel beruhten in jener Zeit bestenfalls auf alten Urkunden, meistens jedoch auf Traditionen, und beides ließ sich immer wieder unterschiedlich ausdeuten. So lagen auch die Heiligenberger Landgrafen in ständigem Widerstreit mit anderen machtvollen Herren weltlichen und geistlichen Standes – den Grafen von Pfullendorf, von Bregenz, von Montfort und von Werdenberg im Rheinthal südöstlich des Bodensees, aber auch den Bischöfen von Chur und Konstanz, den Klöstern St. Gallen, Petershausen und Salem.

Um 1250 ließ ein Graf Berthold auf dem Platz des heutigen Schlosses eine neue Burg erbauen. Sollte sie kriegerischen Angriffen wehren, die eigene Macht gegenüber fremden Ansprüchen behaupten helfen in den Wirren der späten Stauferzeit? Die neue Burg ist dann aber dem Landgrafen nicht zum Glück ausgeschlagen. Wenige Jahrzehnte später, das verhängnisvolle Interregnum war überstanden und Rudolf von Habsburg deutscher König geworden, gingen 1277 auf königliches Geheiß Burg und Landgrafschaft recht billig, um 500 Mark Silber Konstanzer Gewichts, an den Grafen Otto von Werdenberg, „Landgrafen und Gubernator von Oberschwaben", wie er in den Urkunden genannt wird, jedenfalls einen engen Vertrauten und Helfer Rudolfs in seinen Bemühungen, Macht und Würde des Königtums wiederherzustellen.

Die Werdenberger waren eine Nebenlinie der Grafen von Montfort, diese wiederum Nachfolger der Pfalzgrafen von Tübingen, die weite Gebiete im Bregenzer Wald, im Rheinthal und nördlich des Bodensees um Tettnang ihr eigen nannten und hier als erste in nachrömischer Zeit Städte gründeten. Daß ein Tübinger gut ein Jahrhundert zuvor eine Gräfin von Bregenz geheiratet hatte, letzte Erbin der Udalrichinger, der Herren von Altheiligenberg in karolingischer Zeit, war jetzt vermutlich kaum noch bekannt und gewiß nicht Grund für den Ankauf der Landgrafschaft.

Die Grafen von Werdenberg-Heiligenberg, wie sie sich nun nannten, vollendeten wohl erst den Bau der neuen Burg. Sie müssen die Feste in den Auseinandersetzungen nach der Übernahme gebraucht haben. Gleichwohl konnten sie den Bestand der Landgrafschaft nicht erhalten. Nicht nur die eigene, weitverzweigte Familie und kleinere geistliche und weltliche Herren erhoben wieder ihre Ansprüche, die abzuwehren waren. Auch die Habsburger Politik setzte immer wieder dazu an, das mit dem Ende der Staufer zerfallene Herzogtum Schwaben wiederzubegründen und die zahllosen kleinen Herrschaften zu einem großflächigen Gebilde zusammenzufassen. Es mißlang jedesmal, und es ist durchaus umstritten, ob dies zum Nachteil der Landschaft oder nicht doch zu ihrem Nutzen ausgeschlagen ist. Beide Ansichten werden noch heute mit gleicher Leidenschaft vertreten.

Als der letzte Graf von Werdenberg-Heiligenberg 1428 ohne Erben starb, zog Kaiser Sigismund Heiligenberg als erledigtes Reichslehen ein. Er wollte es

Schloß Heiligenberg, von Nordosten – Heiligenberg Castle, view from north-east – Le château de Heiligenberg, vu du nord-est

Glockenturm im Vorhof und Schloß (Nordflügel) – Forecourt belfry and castle (north wing) – Le donjon dans la cour intérieure et le château (aile nord)

Toreingang des Schlosses – Entrance gateway – Le portail d'entrée du château

einem seiner Gläubiger, Brunaccio della Scala, als Pfand übereignen. Die Tradition stand jedoch dagegen, es gab noch Träger des Namens Werdenberg. Der Einzug des Reichslehens kam vor das Gericht der Reichslehensmannen, das nach einem langen Lehensprozeß Burg und Landgrafschaft dem Grafen Johann von Werdenberg-Sigmaringen zu Trochtelfingen (nördlich Sigmaringen) zusprach. Er und seine Nachfahren hielten den Besitz noch hundert Jahre, bis der letzte Werdenberger, Graf Christoph, 1534 starb, ohne männliche Nachkommen zu hinterlassen.

Seine Tochter Anna hatte 1516 den Grafen Friedrich zu Fürstenberg (1496–1559) geheiratet und brachte Heiligenberg nach dem Tode ihres Vaters dem Hause Fürstenberg zu, das 1535 von Kaiser Karl V. mit der Landgrafschaft belehnt wurde. Den privatrechtlichen Erbgang hatte die öffentlichrechtliche Belehnung besiegelt. Die Erbauseinandersetzungen vor allem mit dem Grafen Karl von Hohenzollern dauerten noch fünf Jahre, ehe Friedrich sein Erbe ungeschmälert antreten konnte.

Die Grafen zu Fürstenberg waren zu jener Zeit bereits seit Jahrhunderten eine der bedeutendsten Familien im Herzogtum Schwaben und im Reich. Ihre Vorfahren lassen sich lückenlos auf den Grafen Egino zurückführen, um 1070 Inhaber der Grafschaft Urach im heutigen Württemberg. Ihr Ahnherr war sehr wahrscheinlich ein Graf Unruoch in karolingischer Zeit. Im 11.–13. Jahrhundert werden Angehörige der Familie wie im Grafenamt, so in hohen geistlichen Würden genannt: als Abt von Hirsau, von Lorch, von Tennenbach, als Bischof von Speyer und von Straßburg, als Kardinalbischof und päpstlicher Legat. Ihr Leitname, Egino/Egen/Egon, hat sich in der Familie Fürstenberg bis heute erhalten.

Als im Jahre 1218 die Herzöge von Zähringen im Mannesstamme ausstarben, erbten die Uracher weite Teile ihrer Besitzungen im Breisgau, im Schwarzwald, im Kinzigtal und auf der Baar. Sie konnten ihr rechtmäßiges Erbe allerdings erst antreten, nachdem sie sich in den harten Auseinandersetzungen mit den Habsburgern, den Staufern, den

Kyburgern (bei Winterthur/Schweiz) und den Markgrafen von Baden-Hachberg behauptet hatten. Nun nannten sie sich Herr und Graf von Freiburg, Landgraf im Breisgau.

Ein Enkel des Erben, Graf Heinrich, nahm seinen Sitz auf der Stadtburg Fürstenberg (unweit Donaueschingen); seit 1250 wird er nach ihr benannt. 1283 erhält er die Landgrafschaft in der Baar von König Rudolf von Habsburg zu Lehen. Die Landgrafschaft Heiligenberg, gut drei Jahrhunderte später erworben, brachte den Grafen und nachmaligen Fürsten zu Fürstenberg zusätzlichen Gewinn an Land und Einfluß. Sie hielten sie mit allen öffentlichen und privaten Rechten und Gerechtsamen bis 1806, wenn auch deren Bestand sich im Laufe der Jahrhunderte nicht unwesentlich veränderte. Bis heute sind sie Eigentümer des Schlosses und zugehöriger Ländereien geblieben.

Drei große schwäbische Familien sind es gewesen, die die Geschichte von Burg und Herrschaft entscheidend bestimmt haben: die alten Heiligenberger als Erbauer, die Werdenberger als Behaupter und die Fürstenberger als Erneuerer und Bewahrer. Und jede Familie verwendete die Burg auf eigene Weise, die je den Erfordernissen ihrer Zeit entsprach. Für die Altheiligenberger war sie im Frühmittelalter neue Heimat und Schutz nach außen, bis die alte Burg in Trümmern zerfallen war. Den Werdenbergern im Hochmittelalter galt sie für weit ausgreifende strategische Politik nur gelegentlich als Herrschaftssitz, zumeist jedoch in ihrer verbindenden Situation zwischen den Ländereien im Rheintal südöstlich des Bodensees und Oberschwaben. Erst die Grafen und Fürsten zu Fürstenberg machten an der Grenze zur Renaissance aus der spätmittelalterlichen Burg, soweit es die Lage auf dem schmalen Bergplateau und die Zeitläufe zuließen, ein Schloß. Sie begründeten eine selbständige Linie ihres Hauses über sieben Generationen hin und behielten den Sitz bis auf den heutigen Tag.

Graf Friedrich wird sich wohl noch kurz vor seinem Tode im Jahr 1559 mit Plänen für einen Neubau befaßt und erste Vorbereitungen eingeleitet haben. Der eigentliche Bauherr aber wurde erst sein Sohn Joachim (1538–1598). Er verwandelte die altertümliche Burg in ein modernes Schloß im Stil der Renaissance, die erst vor wenigen Jahrzehnten, wohl über Hohenems und seinen Schloßneubau, in Oberschwaben bekannt und beliebt geworden war. Der Baumeister wurde Jörg Schwartzenberger aus Landsberg, der das Zimmernsche Schloß in Meßkirch erbaut hatte und vermutlich durch des Grafen Joachim Frau aus dem gräflichen Hause Zimmern nach Heiligenberg gekommen war.

Lüsterweibchen mit den Wappen der Grafen von Werdenberg (links) und Heiligenberg – Chandelier in human form with the coats-of-arms of the Counts of Werdenberg (left) and Heiligenberg – Figure féminine ornant le lustre, avec les armoiries des Comtes de Werdenberg (à gauche) et de Heiligenberg

Renaissance-Fassade des Nordflügels (um 1575) – Renaissance façade of the north wing (about 1575) – Façade Renaissance de l'aile nord (de 1575 env.) ▷

Teile der alten Burg blieben erhalten und wurden in die Anbauten mit einbezogen. Sie bilden den heutigen Nordflügel. Das mächtige Gewölbe im Durchgang zum Innenhof zeugt noch von der alten Burg. Im Sommer 1562 müssen die drei Flügel – die angebauten Ost- und Westflügel und der quergestellte Südtrakt – bereits unter Dach und bewohnbar gewesen sein, denn im Herbst jenes Jahres führte Joachim Anna von Zimmern feierlich als seine Frau heim. Die Bauarbeiten zogen sich noch bis in die ersten Jahre des 17. Jahrhunderts hin.

Der Baumeister und Bildschnitzer Jörg Schwartzenberger wird erst 1575 erwähnt. Er hat zunächst dem alten Burgbau eine großartige Renaissance-Fassade vorgesetzt, die deutlich sichtbar später als die Seitenflügel fertig geworden ist. Vor allem aber hat er dann den ebenso monumentalen wie harmonischen Festsaal geschaffen und künstlerisch ausgestaltet, den bald schon vielgerühmten „Rittersaal", wie er seit der Romantik im frühen vorigen Jahrhundert genannt wird.

Dieser Rittersaal erstreckt sich über die beiden Obergeschosse im Südflügel. Seine Wände sind dank den eng aneinandergereihten, hohen Fenstern nahezu aufgelöst. Schier grenzenloses Licht fällt den ganzen Tag herein und läßt den weiträumigen Saal in einer verschwenderischen Fülle von Helligkeit erstrahlen. Die frei hängende, überreich geschnitzte und mit kunstvollen Motiven aus der antiken Mythologie und christlichen Tradition versehene Kassettendecke verleiht dem Festsaal eine unvergleichliche Würde und Eleganz. Der Rittersaal gehört wohl zu den bedeutendsten und schönsten Kunstwerken, die in der Renaissance nördlich der Alpen geschaffen worden sind.

An den Schmalseiten des Saales stehen einander gegenüber zwei Kamine, die die Jahreszahl 1584 tragen von Hans Morinck (gest. 1616). In jenem Jahr

Der Bauherr Graf Joachim zu Fürstenberg und seine Gemahlin Anna Gräfin von Zimmern – The builder of the castle, Count Joachim zu Fürstenberg and his wife Countess Anna von Zimmern – Le Comte Joachim zu Fürstenberg, constructeur du château, et son épouse Comtesse Anna von Zimmern

Wappenscheibe für Kaiser Karl V. (1547) – Heraldic stained glass panel for Emperor Charles V (1547) – Vitrail d'armoiries pour l'Empereur Charles V (1547)

Wappenscheibe für Wilhelm Wernher Freiherrn zu Zimbern, Herrn zu Wildenstein (1529) – Heraldic stained glass panel for Baron Wilhelm Wernher zu Zimbern, Lord of Wildenstein (1529) – Vitrail d'armoiries pour le Baron Wilhelm Wernher zu Zimbern, Seigneur de Wildenstein (1529)

Wappenscheibe für Friedrich Graf zu Fürstenberg-Heiligenberg und Werdenberg, Landgraf in der Baar usw. (1551) – Heraldic stained glass panel for Count Friedrich zu Fürstenberg-Heiligenberg and Werdenberg, Landgrave in the Baar etc. (1551) – Vitrail d'armoiries pour le Comte Friedrich zu Fürstenberg-Heiligenberg, Landgrave de Baar et autres lieux (1551)

Wappenscheibe für Friedrich Graf zu Fürstenberg (1529) – Heraldic stained glass panel for Count Friedrich zu Fürstenberg (1529) – Vitrail d'armoiries pour le Comte Friedrich zu Fürstenberg (1529)

wird der Rittersaal vollendet worden sein, gerade noch rechtzeitig für die Hochzeit des Grafen Friedrich, des Bauherrn Sohn (1563–1617), mit der jungen Gräfin Elisabeth von Sulz (südlich Horb am Neckar), die nach alter Familientradition bereits seit mehreren Jahren im Schloß gelebt hatte, um sich auf ihre künftigen Pflichten als Gemahlin des Landgrafen vorzubereiten.

Der Westflügel hat, gewissermaßen Kontrapunkt zum festlichen Südflügel, sakralen Charakter. In ihm wurde eine Burgkapelle gebaut und eingerichtet, deren Vorgängerbau noch in werdenbergische Zeit zurückreicht. Ihre große Höhe ergab sich aus der Notwendigkeit, im Obergeschoß nahe dem anschließenden Wohntrakt eine Herrschaftsloge einzurichten. Durch Schacht und Wendeltreppe mit ihr verbunden, liegt unter ihr, vom Schloßhof aus gesehen unterirdisch, die Gruftkapelle, in der die Toten des gräflichen Hauses beigesetzt werden sollten. Die Grablege der Werdenberger Grafen war zuvor das 1398 begründete Kollegiatstift Betenbrunn unweit Heiligenberg gewesen, in dem noch die ersten Fürstenberger ihre letzte Ruhestätte fanden.

Nun wurde die neue Gruftkapelle fürstenbergische Grablege. Graf Joachim erreichte es 1586, daß der Bischof von Konstanz, Kardinal Graf Mark Sittich von Hohenems, die Zustimmung dafür erteilte. Seitdem ruhen hier die Toten in engster Nachbarschaft zu den Lebenden in der in schmuckloser Strenge gehaltenen Gruft. Die Schloßkapelle dagegen wurde, in ihrem Reichtum dem Festsaal sehr wohl vergleichbar, aber dem persönlichen Charakter einer Stätte gläubiger Frömmigkeit entsprechend, mit sakralen Motiven ausgeschmückt. Die reichen, farbig gefaßten Schnitzereien an der Decke, am herrschaftlichen Oratorium und der Orgelempore sind das Werk des Biberacher Holzschnitzers Hans Dürner (um 1500–1630), die Apostelfiguren an der Brüstung der Galerie von Hans Ulrich Glöckler (1560–1611) aus Überlingen aus dem Jahre 1596. Die Wandmalereien stammen wieder von einem Überlinger, dem Maler Ottmar Pattvogel aus der Erbauungszeit, ebenso die Engelsfiguren neben den Wandteppichen. Die hll. Joachim und Anna, neben der hl. Madonna, gemahnen an den Bauherrn Graf Joachim und seine Gemahlin Gräfin Anna. Hans Ulrich Glöckler ist auch der Schöpfer einer besonders erwähnenswerten Marienkrönungsgruppe. Die Schloßkapelle war vermutlich erst im Jahr 1607 vollendet. Der Bauherr Graf Joachim hat das fertige Schloß nicht mehr erlebt.

Unter dem Hauptaltar in der Schloßkapelle liegen, wie es eine lebensfähige Legende will, die Reliquien des hl. Papstes Felix I. Der hl. Felix war Römer von Geburt. Er war der 26. Papst während der Regierung Kaiser Aurelians im Jahr 269 nach Christus. 273/274, nach anderen Berichten am 30. Mai 275, starb er bei einer Christenverfolgung. Er fand seine letzte Ruhestätte in den Kalixtus-Katakomben in Rom. Soweit die historische Überlieferung. Die Legende dagegen weiß zu berichten, daß die Reliquien sich im Schloß Heiligenberg in der Gruftkapelle befinden. Der hl. Leichnam sei unter Papst Gregor dem Großen (590–604) nach Deutschland gekommen. Nach anderer Version habe Papst Viktor II. (1055–1057), ein Graf von Calw, die Reliquien seinen deutschen Verwandten zugeschickt. Es heißt auch, daß diese Reliquien, dazu noch Gebeine anderer Heiliger, dem Schloß den Namen „Heiligenberg“ verliehen hätten. Wie immer die historische Wahrheit, die Legende, der hl. Felix liege in der Gruftkapelle von Schloß Heiligenberg begraben, lebt bis auf den heutigen Tag fort.

St. Hubertus (um 1500) – St. Hubert (about 1500) – Saint Hubert (vers 1500)

16 *Christus in der Vorhölle. Nachbildung um 1600 des Blattes aus der Kleinen Kupferstichpassion von 1507–1512. Albrecht Dürer (1471–1528) – The Harrowing of Hell, c. 1600. Based on an engraving from the so-called „Small Copper-plate Passion", 1507–1512, by Albrecht Dürer (1471–1528) – Le Christ aux enfers. Copie réalisée vers 1600 d'une gravure de la série d'Albrecht Dürer (1471–1528) sur la Passion (1507–1512)*

Die Auferstehung. Nachbildung um 1600 des Blattes aus der Kleinen Kupferstichpassion von 1507–1512. Albrecht Dürer (1471–1528) – The Resurrection, c. 1600. Based on an engraving from the „Small Copper-plate Passion", 1507–1512, by Albrecht Dürer (1471–1528) – La Résurrection du Christ. Copie réalisée vers 1600 d'une gravure de la série d'Albrecht Dürer (1471–1528) sur la Passion (1507–1512)

Nun, da sämtliche Bauarbeiten im Schloß ihr Ende gefunden hatten, sollte es auch Wohnsitz und Residenz werden. Doch des Bauherrn Sohn Friedrich ging schon 1584 als Statthalter seines Vaters nach Trochtelfingen. Bald knüpfte er enge Verbindungen zum kaiserlichen Hof in Wien und hielt sich als Obersthofmarschall auch nach dem Tode des Vaters 1598 mehr in den habsburgischen Erblanden als in seinem väterlichen Erbe auf. Nach dem frühen Tode seiner Frau heiratete er in zweiter Ehe Maria von Arco, wodurch er sich noch enger mit Österreich verbunden fühlte. Seinen endgültigen Wohnsitz nahm er schließlich in Weitra an der böhmischen Grenze von Niederösterreich, das sich noch heute in fürstenbergischem Besitz befindet. Sein Sohn Egon (1588–1635) verbrachte ebenfalls die meiste Zeit seines Mannesalters fern von Heiligenberg, er nun in den Feldlagern des Dreißigjährigen Krieges, dessen Wirren und Gefahren auch seine Gemahlin Anna Maria, eine Gräfin von Hohenzollern, von Heiligenberg fernhielten.

Schloß Heiligenberg selbst wurde in den Jahren der mörderischen Kriegshandlungen mehrmals schwer in Mitleidenschaft gezogen. Immer wieder tauchten Söldnerhaufen und Marodeure im Ort auf und suchten Schloß und Herrschaft aufs schlimmste heim. 1632 besetzten schwedische Soldaten das Schloß und plünderten es gründlich. 1633 und 1638 folgten Haufen unterschiedlichster Herkunft ihren blutigen und zerstörerischen Spuren. Die größte Gefahr aber drohte im Winter 1643/44: Diesmal waren es französische Soldaten, die das Schloß besetzt hatten. Im Rittersaal und in vielen anderen Räumen hausten sie mit unbeschreiblicher Rohheit

Oben: Martyrium des Apostels Simon. / unten: Kreuzigung. Halbreliefs an der Empore in der Schloßkapelle. Hans Dürner (um 1550–1613) – above: Martyrdom of the Apostle Simon. / below: Crucifixion. Reliefs, gallery of the castle chapel. Hans Dürner (c. 1550–1613) – en haut: Martyre de l'apôtre saint Simon / en bas: le Crucifiement. Bas-reliefs de Hans Dürner (vers 1550–1613) à la tribune de la chapelle du château

◁ *Heiligenszene. Halbrelief in der Schloßkapelle. Hans Dürner (um 1550–1613) – Saints, relief in chapel. Hans Dürner (c. 1550–1613) – Scène représentant divers saints. Bas-relief de Hans Dürner (vers 1550–1613) dans la chapelle du château*

Ofen (um 1620) – Stove (about 1620) – Poêle (de 1620 env.)

Ofen (um 1780) – Stove (about 1780) – Poêle (de 1780 env.)

und Zerstörungswut. Als sie sich dann am 4. Januar 1644 vor kurbairischen Truppen zurückziehen mußten, hatten sie alle Vorbereitungen getroffen, um das Schloß in die Luft zu sprengen. Nur einem glücklichen Zufall ist es zu danken, daß die riesige Sprengladung in den weiten Kellergewölben nicht gezündet und eine Zerstörung des Schlosses verhindert wurde. Noch wenige Monate vor Friedensschluß, im Herbst 1647, kamen die Franzosen ein weiteres Mal. Normales herrschaftliches Leben und Regieren im Schloß Heiligenberg war unter diesen Umständen natürlich ausgeschlossen.

Wochen später, im Winter 1647, kam Graf Hermann Egon (1627–1674) nach Heiligenberg, nachdem er 1635 das Erbe seines Vaters angetreten hatte. Er traf unvorstellbare Zustände an, das Schloß geplündert und verwüstet, der Vorhof jenseits der Zugbrücke zu Teilen niedergebrannt und die Bevölkerung von Ort und Umgebung in höchster Not und Verzweiflung. Sogleich ging er daran, Bauern, Handwerk und Gewerbe hilfreich zu unterstützen und zu fördern, für die Verwaltung und die Versorgung des Schlosses die zerstörten Gebäude wiederzuerrichten und die Verwaltung neu zu ordnen. Der Vorhof war im Zusammenhang mit der umfangreichen Bautätigkeit Joachims und Friedrichs zu einer regelrechten Vorburg erweitert worden; auch der manieristische Glockenturm stammt noch vom Meister Schwartzenberger. Die zerstörten Bauteile wurden nun wiederaufgebaut und im Stil des Barock neu gestaltet.

Im Schloß wurden vor allem die repräsentativen Räume im Ost- wie im Westflügel erneuert. Ihre ebenso kunstvoll wie reich dekorierten Decken sind in jener Zeit entstanden. Sie traten an die Stelle einfacher, nur farblich gestalteter Holzdecken. Seitdem haben Schloß und Vorhof ihre äußere Form bis auf den heutigen Tag bewahrt.

Hermann Egon war 1652 in kurbairische Dienste getreten und hatte als Oberhofmeister die entscheidende Position am Münchner Hof errungen. Wohl unter seinem Einfluß ergriffen auch seine Brüder, Wilhelm Egon und Franz Egon, nacheinander Bischöfe von Straßburg, die Partei Baierns und des mit ihm verbündeten Frankreich, ganz im Gegensatz zu der traditionell habsburgfreundlichen Haltung des fürstenbergischen Hauses. Die Folge waren gefährliche politische Spannungen zum kaiserlichen Hof in Wien.

So fanden die „Egoniden", wie man die drei eigenwilligen Brüder auch nannte, weder die Zeit noch die Muße, sich länger in Heiligenberg aufzuhalten. Vorübergehend befanden sie sich in der Reichsacht, mußten Konfiskationen über sich ergehen lassen. Offenbare Aussöhnungsversuche des Kaisers, so die Erhebung der drei Brüder in den Reichsfürstenstand 1664, konnten sie, wie es scheint, nicht umstimmen. Am Ende hatten die Egoniden, trotz des erheblichen Einflusses des Bruders am bairischen Hof und damit auch auf das verbündete Frankreich, mehr Nachteile als Nutzen von ihrer merkwürdigen Bündnispolitik.

Krönung Mariens. Herrschaftsloge in der Schloßkapelle (um 1600) – Coronation of the Blessed Virgin. Private oratory in the castle chapel (about 1600) – Le Couronnement de Marie au ciel. A la loge des seigneurs dans la chapelle du château (1600 env.)

Eleonore Gräfin von Helfenstein-Gundelfingen, geb. Gräfin zu Fürstenberg. Unbekannter Maler (nach 1604) – Countess Eleonore zu Helfenstein-Gundelfingen, née Countess zu Fürstenberg. Unknown painter (after 1604) – Le Comtesse Eleonore zu Helfenstein-Gundelfingen, née Comtesse zu Fürstenberg. Peintre inconnu (après 1604)

24/25: Der Rittersaal – Hall of the Knights – La Salle des Chevaliers

Auch der älteste Sohn Hermann Egons, Fürst Anton Egon (1656–1716), wurde in die Auseinandersetzungen hineingezogen, auch er wurde vom kaiserlichen Hof verbannt und lebte bereits von Jugend an in der Fremde. Schließlich bekleidete er am Hof Augusts des Starken, des Kurfürsten von Sachsen und Königs von Polen, höchste Ämter und Würden. Heiligenberg hat er wahrscheinlich nur zweimal aufgesucht, das erste Mal, als er die Huldigung seiner Untertanen nach dem Antritt des väterlichen Erbes entgegennahm, und ein letztes Mal auf seiner späteren unsteten Wanderschaft als Verbannter. Schloß und Herrschaft Heiligenberg standen sogar zeitweise unter Sequester, wurden jedenfalls von fremdem Personal mit bisweilen höchst sonderbaren Methoden verwaltet. Man erfährt von Steuerpacht, wie sie nur in Frankreich üblich gewesen war. Die Hintergründe dieser merkwürdigen Umorientierung der Heiligenberger, die zudem schon von den Erben Anton Egons revidiert wurde, ist bis heute viel diskutiert, aber noch nicht befriedigend geklärt worden.

Die Jahrzehnte der Abwesenheit des Schloßherrn bedeuteten Stillstand. Auch als Schloß und Herrschaft nach dem Tod Anton Egons 1716 der Meßkircher Linie des Hauses Fürstenberg zufiel, geschah in Heiligenberg fast nichts. Die neuen Inhaber behielten ihren Sitz in Meßkirch bei, und die Witwe des letzten Sprosses dieser Linie, der Schloß Heiligenberg als Alterssitz bestimmt war, zog lieber nach Eichstätt.

1744 starb die Meßkircher Linie aus. Erben waren die in jenen Jahrzehnten sehr viel glückhafter agierenden Stühlinger, nunmehr die einzige Linie des fürstlichen Hauses. Fürst Joseph Wilhelm Ernst (1699–1762) vereinigte jetzt den gesamten Besitz der Familie in seiner Hand und begründete erst eigentlich das Fürstentum Fürstenberg.

Im Jahr 1723 hatte er seinen Sitz in den nunmehrigen „Regierungsflecken“ Donaueschingen verlegt und dort ein ganz nach aufgeklärt-rationalen Grundsätzen organisiertes und arbeitendes Verwaltungszentrum geschaffen. Ein Regierungsgebäude wurde errichtet, dazu ein Bau für das fürstliche Archiv, in dem sämtliche Akten und Archivalien der verschiedenen Linien des Hauses zusammengetragen wurden. Auch was sich an Literatur, an wissenschaftlichen Schriften und an Kunstschätzen in den fürstenbergischen Schlössern angesammelt hatte, wurde in Donaueschingen zusammengefaßt und geordnet. Die Landgrafschaft Heiligenberg aber war zum fürstlichen Oberamt geworden. Sie wurde nicht mehr herrschaftlich vom Schloß, sondern vom Vorhof aus durch Beamte verwaltet.

Über ein Jahrhundert war Heiligenberg im wesentlichen unbewohnt gewesen, und es blieb so fast noch einmal hundert Jahre lang. Dieser Stillstand, die Abwesenheit der regierenden Landgrafen, mag wohl der Landgrafschaft Nachteile gebracht haben. Für die Baugeschichte von Schloß und Vorhof bedeutete diese Zeit fraglos einen Gewinn. Während in Süddeutschland wie fast überall nach dem Großen Kriege die Bauten – Kirchen und Klöster, Schlösser, Bürgerhäuser und Wirtschaftsgebäude –, und es wurde viel gebaut in jener Zeit, im Stil des Barock und des Rokoko errichtet oder umgestaltet wurden, selbst wenn der ursprüngliche Bau unbeschädigt noch aus dem Mittelalter stammte, so blieb in Heiligenberg die herrschaftliche Renaissance, von wenigen Einschüben späterer Stilelemente vornehmlich im Innern abgesehen, unverändert erhalten.

Als das Fürstentum Fürstenberg in den ersten Jahren nach 1800 in seiner staatlichen Souveränität bedroht war, stand an der Spitze des fürstlichen Hauses ein Kind, Karl Egon II. (1796–1854), Sohn des in der Schlacht bei Liptingen/Stockach gefallenen Fürsten Karl Aloys. Sein Großonkel, Landgraf Joachim Egon zu Fürstenberg, als sein Vormund, seine Tante, die Fürstinwitwe Karoline, die im Mai 1806 sogar von Kaiser Napoleon empfangen wurde, und bedeutende Vertreter der Beamtenschaft versuchten mit größter Energie und Umsicht, in zahllosen Verhandlungen und Gesprächen in Paris und Wien, in München und Regensburg den drohenden Verlust angestammter Souveränitätsrechte abzuwenden. Das Deutsche Reich hatte sich nach den Niederlagen gegen das erst revolutionäre, dann napoleonische Frankreich aufzulösen begonnen, Kaiser Franz II. hatte sich als Franz I. zum Kaiser von Österreich proklamiert und das Reich preisgegeben. Aber die Bemühungen von seiten Fürstenbergs scheiterten allesamt. Was blieb, waren die Rechte einer Standesherrschaft, deren vielschichtige Einzelheiten mit der badischen Regierung ausgehandelt und vertraglich festgelegt wurden.

Kurz zuvor hatte die Säkularisation der geistlichen Herrschaften, der Bistümer und Klöster, das Deutsche Reich in seinen politischen und rechtlichen Strukturen von Grund auf verändert. Der Reichsdeputationshauptschluß in Regensburg vom 25.2.1803 bestimmte, daß alle geistlichen Rechte und alles geistliche Eigentum aufgehoben und der Besitz dem jeweiligen Landesherren zugeteilt wurde. Grundherren, die im Linksrheinischen, das zu Frankreich geschlagen wurde, Besitz gehabt hatten, wurden mit geistlichen Gütern entschädigt. Dieser praktisch politische Grund wird als entschei-

Die Eingangshalle („Felixhalle“) im Ostflügel – Entrance hall („Felix Hall“) in the east wing – ▷ Hall d'entrée (dit encore „Felixhalle“); aile est du château

dend hingestellt. Maßgeblich war aber wohl das von der Aufklärung resultierende Bestreben nach einheitlichen Rechtssystemen in geschlossenen Herrschaftsgebieten. Es schien den Zeitgenossen damals unerträglich, daß verschiedenartige Rechtssysteme nebeneinander Gültigkeit haben sollten.

Die Säkularisation machte auch vor jahrhundertealten Klostergemeinschaften nicht Halt. Sie gehörten zu den bedeutendsten geistigen Zentren in Europa seit ihrer Gründung - oft noch in vorkarolingischer Zeit. Als Auftraggeber, Mäzene und Bauherren haben sie zu einem erheblichen Teil die Kunst des Mittelalters bis ins Rokoko hinein entscheidend geprägt und bestimmt. Vielfach hatten sie auch sozial-politisch außerordentlichen Rang. Sie beschäftigten Handwerker, Bauern und einfache Arbeitsleute, die dann auch in ihrem Alter vom Kloster versorgt und gepflegt wurden. Das alles fand 1802/03 ein abruptes Ende.

Die Fürsten haben bei der Säkularisation viel gewonnen: an Grundfläche, an Archiv- und Bibliotheksgut, an Bauwerken. Ihre Kritiker, die bis heute nicht verstummt sind, werfen ihnen ungerechtfertigte Bereicherung vor. Diese Sicht ist aber einseitig und wenig fundiert. Die Empfänger des Klosterbesitzes übernahmen auch die Versorgung der Mönche und Nonnen, eine soziale Leistung, die bis in die 50er Jahre des vorigen Jahrhunderts lief und beträchtliche Summen erforderte. Und die Gebäude waren vielfach nicht mehr zu nutzen. Sie erforderten einen erheblichen Erhaltungsaufwand, wenn man sie nicht kurzerhand abreißen mußte.

Im ganzen ist der größere und einheitliche Flächenstaat und das einheitliche und allgemeine Recht mit einem gewaltigen Verlust an geistiger und kultureller Substanz bezahlt worden. „Schuld" daran hatten nicht die Fürsten als „Nutznießer". Die Säkularisation war als gültiges Reichsrecht zustandegekommen und folgte modernem Rechtsdenken. Privilegien für Personen, besondere Rechte für Stände, bislang Eckpfeiler des alten Rechtsdenkens, wurden zu allgemeinen Rechtsgrundsätzen und Rechtsnormen, einklagbar für jedermann.

Das Jahr 1803 brachte eine doppelte tiefgreifende Zäsur, die von heute aus kaum noch von Bedeutung zu sein scheint: Es brachte das Ende des Reiches, des Heiligen Römischen Reiches Deutscher Nation, das mit der Krönung Kaiser Karls des Großen in Rom im Jahre 800 seinen Anfang genommen hatte. Und es brachte das Ende der geistlichen und der klösterlichen Kultur mit ihrer überwältigenden Prägekraft in Kunst und Architektur, in Kunsthandwerk, in Sitte und Brauchtum und sozialer Sicherheit, nach einer mehr als 1200jährigen Geschichte. Einige bedeutende Klöster sind dann zwar seit dem vorigen Jahrhundert neu begründet und neu besiedelt worden. Sie führen die alte monastische Tradition der geistlichen Kultur weiter, wenn auch mehr im Hintergrund und in der Stille.

Auch im Fürstentum Fürstenberg lebten Gemeinschaften von Mönchen und Nonnen der verschiedensten Orden in Klöstern beisammen, 18 an der Zahl, die nun aufgehoben wurden. Der Grundbesitz und anderes Säkularisationsgut kamen dem Fürstentum zugute. Die Pensionen für die Ordensmitglieder, die bis zu ihrem Tode unterhalten wurden, belasteten es aber über Jahrzehnte. Bei aller berechtigten Kritik an der Säkularisation dürfen diese sozialen Leistungen der neuen Herren und auch deren kulturelles Mäzenatentum nicht übersehen werden.

Eine entscheidende Persönlichkeit für den jungen Fürsten wie auch in den Verhandlungen und Kämpfen zugunsten des Fürstentums war seine Mutter, die Fürstin Elisabeth, eine Prinzessin Thurn und Taxis. In diesen schweren Zeiten stützte sie sich auf einen Freund und getreuen Helfer, den Freiherrn Joseph von Laßberg, der als Landesforstmeister in fürstlichen Diensten bereits erfolgreich in den Heiligenberger Wäldern gewirkt hatte. Aber Laßberg war nicht nur kenntnisreicher Forstmann und politischer Berater. Er hatte sich auch als Sammler von Kunstwerken und Handschriften des Mittelalters, das schier vergessen oder doch als „finster" verschrien war, und als Forscher und Schriftsteller auf dem neuen Feld der „Germanistik" einen Namen gemacht. Er gehört zu den gelehrten Köpfen, die das Mittelalter buchstäblich wiederentdeckt haben. Wiederentdeckt hat dann die Fürstin unter seinem Einfluß auch das Schloß Heiligenberg.

Man brachte Schloß und Vorhof, Garten, Park und Wälder wieder in guten Stand, wollte auch wieder im Schloß wohnen. Passende Räume mußten gesucht werden, und man fand sie begreiflicherweise im sonnendurchfluteten Südflügel, wo man sich im modernen Stil des Empire einrichtete. Noch heute zeugen diese Zimmer von dem freundlich-aufgeschlossenen Geschmack der Fürstin, die schon im josephinischen Österreich mit dem Geist der Aufklärung in Berührung gekommen war.

In der wohnlichen Atmosphäre des zugleich altüberkommenen und in seiner Einrichtung modernen Schlosses gewann die Fürstin in angeregten Gesprächen mit ihrem Freunde Laßberg eine persönliche Beziehung zum Geist der Romantik, zur Geschichte und vor allem zur mittelalterlichen Literatur. Auf Laßbergs Empfehlung erwarb sie in Wien die Handschrift C des Nibelungenliedes, die erst ein gutes halbes Jahrhundert zuvor in Schloß

Die Schloßküche – The castle kitchen – la cuisine du château ▷

Die Schloßkapelle von Süden – The chapel, view from the south – La chapelle du château, vue du sud

Die Schloßkapelle von Norden – The chapel, view from the north – La chapelle du château, vue du nord

St. Katharina. Herrschaftsloge in der Schloßkapelle – St. Katherine. Private oratory in the castle chapel – Sainte Catherine; à la loge des châtelains, dans la chapelle

St. Johannes der Täufer. Herrschaftsloge in der Schloßkapelle – St. John the Baptist. Private oratory in the castle chapel – Saint Jean-Baptiste; loge des châtelains, dans la chapelle

Jesu Einzug in Jerusalem. Teil eines Glasfensters, Konstanz 1320 – Christ enters Jerusalem. From a stained glass window, Constance 1320 – Entré de Jésus à Jérusalem; partie d'un vitrail (Constance, 1320)

Kreuzigung. Teil eines Glasfensters, Konstanz 1320 – Crucifixion. From a stained glass window, Constance 1320 – Le Crucifiement; partie d'un vitrail (Constance, 1320)

Marien-Krönungsgruppe, in der Schloßkapelle. Hans-Ulrich Glöckler (1560–1611) – Coronation of the Blessed Virgin, in chapel. Hans-Ulrich Glöckler (1560–1611) – Groupe du Couronnement de Marie au ciel, dans la chapelle du château. Oeuvre de Hans-Ulrich Glöckler (1560–1611)

St. Katharina (um 1550) – St. Katherine (about 1550) – Sainte Catherine (vers 1550)

Bibliothek im Ostflügel – Library in the east wing – La Bibliothèque, dans l'aile est du château

Hohenems, in der einstigen Bibliothek des Grafen Mark Sittich, Bischof von Konstanz, entdeckt worden war. Sie wird sie gemeinsam mit Laßberg gelesen haben, ebenso die zahlreichen mittelalterlichen Handschriften, die Laßberg im Laufe der Jahre gefunden und gesammelt hatte. Begegnungen und Korrespondenzen mit bedeutenden Vertretern der deutschen Romantik, wie den Gebrüdern Grimm, runden das Bild geistig überaus reger Jahre auf dem traditionsreichen Schloß Heiligenberg.

Ein gutes Jahrzehnt hat die Fürstin überwiegend hier verbracht und selbst die langen Winter nicht gescheut, die in Heiligenberg sehr kalt sein können. Nachdem ihr Sohn Karl Egon 1817 großjährig geworden war und in Donaueschingen die Regierungsgeschäfte übernommen hatte, wählte sie sich Heiligenberg zum Alterssitz. Aber Alter war ihr nicht beschieden. Nur fünf Jahre später starb sie und fand ihre letzte Ruhe in der Gruftkapelle.

Fürst Karl Egon II. war sehr viel nüchterner als seine so sehr dem Geistigen, Literarischen verschriebene Mutter. Aber auch er fühlte sich Heiligenberg eng verbunden. Gemeinsam mit seiner Gemahlin, der badischen Prinzessin Amalie, setzte er sich für

Bibliothek – Library – La Bibliothèque

die Gemeinde ein, gründete eine Schule, förderte Handel und Gewerbe. Sein Sohn Karl Egon III. (1820–1892) folgte darin dem Vater. Sein besonderes Interesse galt der Geschichte, der Kunst, der allgemeinen Wissenschaft und Bildung. Er ließ in Donaueschingen, dem Regierungssitz, eine alte Zehntscheuer nahe dem dortigen Schloß zu einem Museumsgebäude ausbauen. Wie sein Vater schon, ergänzte er den Bestand an überkommenen Kunstschätzen durch Zukäufe – 1853 war die Graue Passion, zwölf Holztafelgemälde des älteren Holbein, in München erworben worden – und ließ sie von hervorragenden Sachkennern restaurieren. Im Jahr 1868 schließlich wurde der Bau, angereichert noch durch naturwissenschaftliche Sammlungen, einem bildungsinteressierten Publikum geöffnet. Heute zählen die Fürstenbergsammlungen zu den bedeutendsten Privatsammlungen Europas.

Auch das Schloß Heiligenberg wurde erneuert. Sein Prunkstück, der monumentale Rittersaal, war in seinen wesentlichen Teilen erhalten geblieben. Man wollte ihn wieder als Festsaal nutzen. Kunsthandwerker legten einen prachtvollen Parkettboden, dessen Muster die Formen der reich geglie-

Fußteil eines Prunkbettes (17. Jhdt.) – Footboard of an elaborate bed (17th century) – Extrémité d'un lit d'apparat du 17ème siècle

Schreibschrank aus Nußbaumholz (1774) – Walnut writing cabinet (1774) – Ecritoire en noyer (1774)

derten Kassettendecke aus der Renaissance wiederaufnahm. An die Wände hängte man die Portraits der Familie und der Ahnen, die aus dem verstreuten Schloßbesitz des Hauses zusammengetragen wurden.

Betrachtet man die Gemälde der männlichen Ahnen, so fällt auf, daß manche von ihnen den Orden vom Goldenen Vlies tragen. Mit diesem Orden hat es eine besondere Bewandtnis. Herzog Philipp der Gute von Burgund stiftete ihn im Jahre 1429 anläßlich seiner Hochzeit mit Isabella von Portugal, der Tochter Johanns I. des Großen und der Philipine von Lancaster, die er mit unerhörter Pracht feierte. 1430, am 10. Januar, dem letzten Tage der Hochzeit, wurde die Satzung des Ordens mit aller Feierlichkeit öffentlich verkündet. Nach ihr darf die Zahl der Ordensritter 31 nicht übersteigen. Später wurde die Zahl auf 52 erhöht. Schutzheiliger des Ordens ist der Apostel Andreas, der Patron des Hauses Burgund.

Als 1477 Herzog Karl der Kühne von Burgund auf dem Schlachtfeld bei Nancy gefallen war, ging das Burgunder Erbe auf sein einziges Kind, Maria von Burgund, über, die es ihrem Gemahl, König und später Kaiser Maximilian I. einbrachte. So wurde auch der Orden vom Goldenen Vlies habsburgisch. Seine Tradition wird bis heute vom Chef der kaiserlichen Familie Habsburg bewahrt und ausgeübt. Auch der jetzige Chef des Hauses Fürstenberg, Joachim Egon Fürst zu Fürstenberg, ist Ritter des Goldenen Vlieses.

Die Schloßkapelle hatte mehr als der Rittersaal in den vergangenen Jahrhunderten gelitten. Vieles mußte ergänzt werden, so die Wandmalereien und Teile der geschnitzten Decke, anderes, wie Kanzel und Altar, wurde neu errichtet. Wahrscheinlich in dieser Zeit wurden die „Konstanzer Scheiben", die Glasmalereien aus dem ehemaligen Dominikanerkloster auf der Insel in Konstanz (um 1320) in den Kapellenfenstern angebracht. Sie sind außerordentlich gut erhalten und schon deshalb besonders wertvoll, weil die spätmittelalterlichen Glasmalereien wegen der Zeitläufe und schon immer wegen schädlicher Einflüsse aus der Luft schwer gefährdet waren und sich nur sehr wenige von dem umfangreichen Bestand solcher Kunstwerke aus dem Spätmittelalter erhalten haben. 1986 wurden sie von kundigen Händen der Glasmalereiwerkstatt Oidtmann in Linnich gereinigt und restauriert und gegen alle Umweltschäden sicher abgeschirmt.

Auch die Zimmer und Treppenhäuser im ganzen Schloß wurden restauriert und soweit wie möglich in den ursprünglichen Zustand versetzt, die riesigen Fassaden des Schlosses wurden neu verputzt, der Torbereich im Stil des Barock neu gestaltet.

Es läßt sich nicht mehr sicher feststellen, wann die bedeutende Sammlung von Kabinettscheiben in die Rittersaalfenster montiert wurden. Bekannt ist, daß sie in der Zeit des Zweiten Weltkrieges ausgelagert waren und erst einige Jahre nach Kriegsende wieder in den Rittersaal kamen. Diese Sammlung von Standes- und Zunftscheiben gehört zum bedeutendsten, was es wohl an Schätzen dieser Art in Europa gibt. Diese Glasmalerei sehr besonderer Art geht zurück auf eine Sitte, die besonders in der Schweiz, aber auch in Süddeutschland im späten 15. bis ins frühe 18. Jahrhundert üblich war. Man schenkte eine Scheibe mit dem eigenen Wappen oder Standeszeichen einem befreundeten oder verehrungswürdigen Menschen oder einer bedeutsamen Institution. Es waren nicht nur adlige Familien, die dieser Sitte nachgingen, sondern ebenso Klöster und ihre Äbte, Städte, Zünfte und Bruderschaften. Auch diese Glasmalereien sind in der Werkstatt Oidtmann in Linnich 1985 gründlich gereinigt und restauriert worden und befinden sich jetzt in einem makellosen Zustand. Sie bereichern den ohnehin schon so eindrucksvollen Rittersaal auf das beste.

Die Schloßkapelle hatte mehr als der Rittersaal in den vergangenen Jahrhunderten gelitten. Vieles mußte ergänzt werden, so die Wandmalereien und Teile der geschnitzten Decke, anderes, wie Kanzel und Altar, wurde neu errichtet. Auch die Zimmer und Treppenhäuser wurden restauriert und soweit wie möglich in den alten Stand versetzt, die riesigen Fassaden mit neuem Putz versehen.

Im ganzen ist dieses umfangreiche Erneuerungswerk, wie ganz selten sonst in jener Zeit, gelungen. Unter dem Einfluß des Historismus, der die Baugesinnug vor allem des Mittelalters allzu sehr aktualisierte und mißverständlich bis in seine Gegenwart fortsetzen wollte, meinte man oft genug, die historischen Bauten erst „richtig" vollenden zu müssen, vollkommener und „schöner", als es die einstigen Bauherren gemeint und die Bauhandwerker vermocht hätten. Anders in Heiligenberg. Hier wurde nichts nach dem eigenen Zeitgeist umgedeutet und verfälscht. Hier hielt man sich streng an die erhaltengebliebenen Formen, Farben und Sinngehalte, ergänzte nur, was unbedingt notwendig und von Vorhandenem abzuleiten war. Und so ist in Heiligenberg selbst von Sachkennern nur mit Mühe auszumachen, was unverändert überkommen und was im vorigen Jahrhundert ergänzt und behandelt worden ist.

In den letzten hundert Jahren haben Schloß und Vorhofgebäude, dazu der Glockenturm, wieder erheblich unter den schädigenden Einflüssen von Luft

Reichgeschnitzter Schrank, Frankreich (17. Jhdt.) – Elaborately carved cabinet. French, 17th century – Armoire richement sculptée: travail français du 17ème siècle

und Witterung gelitten. 1983 war es an der Zeit, wieder mit der Restauration zu beginnen. Als erstes wurde der Glockenturm im Bereich des Vorhofgebäudes in Angriff genommen. Hier fand sich auf einer Pergament-Urkunde von der Turmspitze der historische Beweis für die letzte Renovierung:

„Im Spätjahr 1886 wurde unter Hofbaumeister Adalbert Kerler aus Karlsruhe in Baden, unter der persönlichen Leitung des Architekten Erwin Brütsch aus Singen im Amt Konstanz, der Glockenthurm gründlich restauriert.

Bei der Herstellung des Gerüstes stürzte der 66jährige Maurer Karl Weidacker aus Heiligenberg am 29. September Morgens 1/4 nach 6 Uhr aus einer Höhe von 6 Meter kopfüber auf die angrenzende Mauer und war sofort todt. Wahrscheinlich hat Weidacker das Gleichgewicht verloren oder er wurde von einem plötzlichen Schwindel erfaßt.

Der Maurermeister war M. Andelfinger von Heiligenberg, welcher aber am 11. Oktober 1886 starb, das Geschäft wird durch dessen Sohn Josef weiterbetrieben.

Tischuhr (um 1600) – Table clock (about 1600) – Horloge de table (1600 env.)

Zu dieser Zeit waren folgende fürstliche Beamte in Heiligenberg“: Es folgen eine Reihe von Namen all derjenigen Personen, die vor etwas mehr als hundert Jahren die entsprechenden Ämter inne hatten. Ausgestellt ist diese Urkunde am 25. Oktober 1886 von dem Bauführer Erwin Brütsch.

Die Renovierungsarbeiten an Schloß und Vorhofgebäude folgten. Sie sind 1988 noch in vollem Gange. Ein solches umfängliches ebenso wie traditionsreiches Bauwerk bedarf der ständigen Pflege.

Auch die Eigentümer der nächsten beiden Generationen blieben Heiligenberg treu. Sie lebten über Jahrzehnte während der Sommermonate hier oder besuchten das Schloß, so oft sie konnten. Der jetzige Schloßherr, Erbprinz Heinrich zu Fürstenberg, der Sohn Fürst Joachims, des Ehrenbürgers der Gemeinde Heiligenberg, und seine Frau, eine Prinzessin Windisch-Graetz, lieben Heiligenberg nicht weniger als sein Vater, der kurz nach dem Zweiten Weltkrieg Jahre seiner jungen Ehe mit einer Gräfin Königsegg im Schloß verlebt hatte.

Ein gutes Jahrtausend Geschichte, Geschichte von Schloß und Herrschaft Heiligenberg, Geschichte der Region und europäischer Geschichte in ihrem Wechsel von Wandel und Beharrung, münden in die Gegenwart ein. Ihre Spuren erschließen sich allenthalben im Schloß Heiligenberg ebenso wie in der Region einem aufmerksamen Beobachter. Wichtige Ereignisse und Entwicklungen jener Jahrhunderte in Oberschwaben und in den Ländern an Bodensee und Rhein sind mit Burg und Schloß Heiligenberg aufs engste verbunden. Wie kaum ein anderer Herrschaftssitz in Süddeutschland hatte Heiligenberg weitreichenden und dauernden Einfluß auf die Geschichte der Landschaft, und dies trotz mehrmaligem Übergang in andere Hand. So ist das Schloß Heiligenberg sowohl eine Stätte hervorragender Kunstwerke und Künstlertätigkeiten, als auch ein historisches und kunstgeschichtliches Dokument einzigartigen Ranges. Aber es ist kein Museum, leblos angefüllte Schatzkammer der Jahrhunderte. Es ist ein Ort, in dem herrschaftliches Leben, im Detail und im Zusammenhang, bis in die jüngste Vergangenheit hinein noch deutlich zu spüren ist.

Wanduhr (um 1720) – Clock (about 1720) – Horloge murale (vers 1720) ▷

Madonna und Kind. Jan Gossart, gen. Mabuse, niederl. Maler (1478–1533/36) – Madonna and Child. Jan Gossart, known as Mabuse, Flemish painter (1478–1533/36) – Vierge à l'Enfant. De Jan Gossart, dit Mabuse, peintre néerlandais (1478–1533/36)

Madonna. Quentin Massys, fläm. Maler (1466–1530) – Madonna. Quentin Massys, Flemish painter (1466–1530) – Madone. De Quentin Massys, peintre flamand (1466–1530)

48

Ruhe auf der Flucht. Flämisch, Nachfolge Joachim Patinier (um 1480–1524) – Rest during the Flight into Egypt. Flemish, follower of Joachim Patinier (c. 1480–1524) – Repos dan la Fuite en Egypte. Travail flamand, d'un élève et successeur de Joachim Patinier (vers 1480–1524)